爱上数学 24

· 图表 2 ·

乱七八糟的宫殿

〔韩〕李惠多 / 著 〔韩〕金荣坤 / 绘 江凡 / 译

云南出版集团 晨光出版社

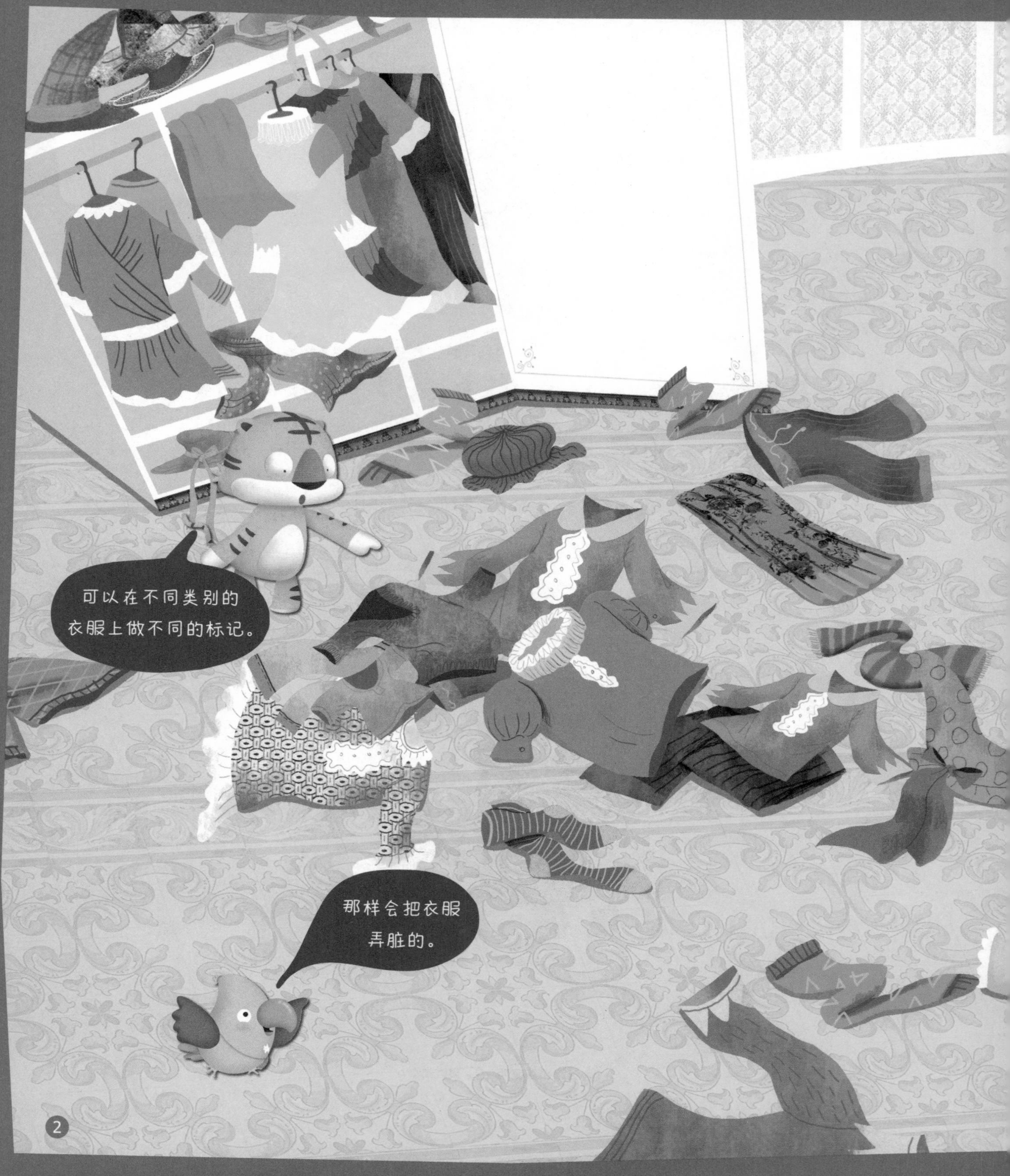
可以在不同类别的
衣服上做不同的标记。
那样会把衣服
弄脏的。

天哪，房间里一片狼藉，衣柜也乱糟糟的。

这么多没有整理的衣服、帽子和袜子。

根本没有办法知道到底有几种物品、每种物品有多少个。

怎样才能更有条理一些呢？

不用那么麻烦，数数看一共有几种类别的东西，做个图表就行啦！

图表？图表应该怎么做呢？

从前有个国王，每天早上都会因为找不到袜子而大呼小叫。

"我的另一只袜子到底在哪儿？"

喜欢帽子的王后也有同样的烦恼。

"我的黄色帽子怎么找不到了？来人啊！马上去给我买 1 顶，不，买 10 顶黄色的帽子回来！"

其实，王后有许多顶黄色帽子，但是因为宫殿里乱七八糟的，根本找不到它们在哪儿。

王宫中的每一天，都是这样乱哄哄地开始的。

早餐也很混乱。

今天的早餐是胡萝卜汤配上炒胡萝卜块，炸胡萝卜片配上胡萝卜沙拉……全都是胡萝卜。

你问这是为什么？因为厨师跟国王和王后一样，没有整理物品的习惯。厨房里凌乱不堪，谁也不知道究竟有多少胡萝卜。

明明还有很多，又买了一大堆回来。顺手一拿全是胡萝卜，根本翻不到别的食材。

于是，国王和王后吃得跟兔子似的，顿顿不离胡萝卜。

这样的国王，能治理好国家吗？

答案是——绝无可能，正所谓"一屋不扫何以扫天下"。国王把还没看的奏折和看完要返给大臣们的奏折全部放在了一起，桌子上堆积如山。光是找奏折，大半天的时间就过去了。

大臣们都在私底下议论纷纷。

"我们还继续听从这个国王的命令，为这个国家效劳吗？"

"是啊，这样下去，这个国家很快就会灭亡了吧。"

哎哟，你快看！

守城的士兵们手里拿的竟然是扫把和锅盖！

大臣们呈上的需要购买长矛和盾牌的奏折，还不知道埋在国王桌子上的哪个角落呢。

每天都在找袜子和帽子的宫女们，还有一直在等待奏折的大臣们都累坏了。他们不想再待在邋里邋遢的国王身边，不少人都离开了。

　　国王和王后也觉得不能再继续这样下去了，他们思
考了很久，偷偷地从宫殿里溜了出来。

　　他们决定去百姓们住的村庄里看看，或许能找到解决问题的办法。

　　国王和王后担心百姓们会看出他们的身份，万一跪下大喊："国
王陛下万岁，王后娘娘千岁！"那可就引起骚乱了。

　　于是他们先乔装打扮了一番。

国王和王后走了很久，来到一个村庄。

他们一直赶路，连早饭也没吃，都饿坏了。

路边正好有一家香气四溢的自助餐厅，他们立马走了进去。

自助餐厅的食物都是分类放好的，想吃什么就拿什么，找起来非常方便。

喜欢吃面包的国王在排队拿面包。

喜欢吃肉的王后站在了肉类食品前的队伍中。

饱餐一顿后，国王和王后来到了市场。

路过水产店，他们看见门口贴着一张纸，上面画了一些鱼。

"为什么要贴这个呢？"

听到国王的话，店主耐心地解释起来："这是今天卖鱼情况的统计图表，一眼就能看出每种鱼卖了多少条，也方便我准备明天要卖的鱼。"

随后，国王和王后又走进了一家帽子店。

店里的帽子按颜色分类，摆放得非常整齐。

他们发现帽子店的墙上也贴着一张图表。

"帽子店为什么也有图表？"王后问。

店主非常亲切地回答了王后的问题："这是表示店里剩余帽子的数量。这样哪种帽子的数量少了，一目了然，方便我订货。你们看，我明天得订红色的帽子啦。"

帽子

店里剩余帽子的数量

10顶
1顶

红色帽子	🎩🎩🎩
蓝色帽子	🎩 🎩🎩🎩🎩
黄色帽子	🎩 🎩🎩🎩🎩🎩 🎩🎩
绿色帽子	🎩 🎩

一路走下来，国王和王后从百姓们身上学到了很多东西。

他们一回到宫殿就分头召集大臣和宫女，开始了大整理行动。

经过大家的努力，宫殿焕然一新。不论是卧室、厨房还是书房，所有的东西分门别类，收拾得整整齐齐。

士兵们也终于放下了扫把和锅盖，拿起了长矛和盾牌。

得知衣柜整理完毕，国王和王后怀着激动的心情站到了衣柜前。

宫女们打开衣柜的瞬间，王后目瞪口呆："天哪，我怎么会有这么多顶黄帽子！"

而国王也终于知道自己到底有多少双能配成对的袜子了。

宫女们激动地说："多亏有了图表啊！"

不同颜色帽子的数量

不同颜色衣服的数量

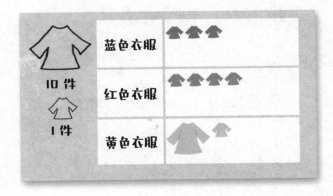

不同颜色袜子的数量

另一边，厨师也开始整理厨房了。

他打算把所有的食材都拿出来，分类整理好，再画个
表格，统计一下每种食材的数量。

这样一来，他一眼就能看出哪种食材太多，哪种食材不够了。

"天啊！怎么有这么多胡萝卜，从现在开始不要再买胡萝卜了！"

这时，站在后面的厨师助手看着表格自言自语道："如果能配上
相应的图，就更清晰明了了。"

于是，厨师按照助手的建议，做出了大家都能看懂的图表。

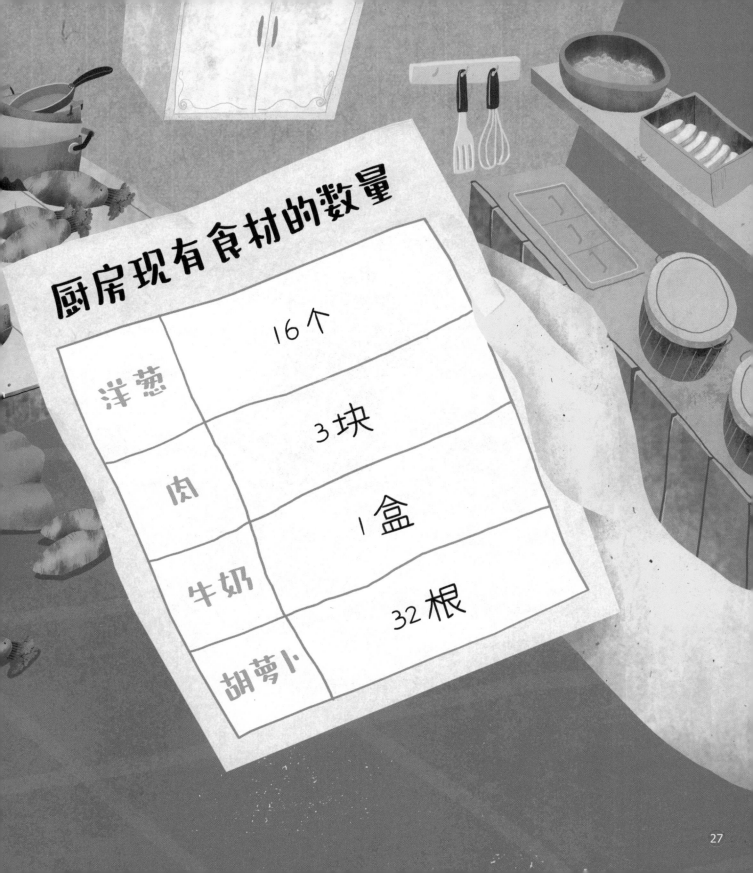

厨房现有食材的数量

洋葱	16个
肉	3块
牛奶	1盒
胡萝卜	32根

从那以后，王宫餐桌上的食物总是多种多样。

每顿饭都荤素搭配，美味又健康。

国王和王后很开心，每次都吃得心满意足。

与此同时，你知道厨师助手在干什么吗？

他每天都根据图表上的内容，订购库存不足的食材。

图表真是既简单又方便，不管是谁，都能一眼看懂。

那么，国王的书房现在变成什么样了呢？

大臣们把奏折分类，放在国王准备好的架子上。

紧急的奏折放在上面的格子里，不是很紧急的就放在下面的格子里。

国王从紧急的奏折开始看起，看完就迅速返给大臣。

这样一来，大臣们不得不一路小跑地奔忙于处理各种事务。

国王反而悠闲自在了起来。

虽然跟以前的生活节奏完全相反，可是，老百姓们的生活却越来越好。

现在，宫殿和以前相比有了翻天覆地的变化。

早上，国王和王后不会因为找东西而出现混乱；每天也不用再吃一样的饭菜。

但是，又出现了一个新问题：国王和王后把国家治理得井井有条这件事，不知什么时候传开了。邻国的一些不怀好意的人，总想偷偷地溜进来搞破坏。

不过，因为有恪尽职守的士兵专心防守城门，百姓们完全不需要为此担心。

让我们跟国王一起回顾一下前面的故事吧！

我们的宫殿以前乱七八糟、邋里邋遢的。我和王后每天早上都得没头没脑地找袜子、找帽子。但是看过百姓们使用的各种图表后，我们也学到了让乱七八糟的宫殿变得井井有条的好方法。多亏了充满智慧的百姓，我们的宫殿从此变得干净整洁了。

现在，我们一起来了解一下和图表相关的知识吧。

数学面对面

卖掉的鱼的数量

青花鱼

带鱼

比目鱼

鳀鱼

10 条

1 条

认识图表

开心小学用表格来展示每个班级拥有图书的数量。观察下面的表格，你觉得用什么样的图表表示表里的内容最直观呢？

开心小学一年级各班的图书数量

班级	1班	2班	3班	4班	合计
图书数量（本）	28	21	35	41	125

为了能够一目了然地体现每个班的图书数量，我们来制作一个图表吧。图表是用图画表示数据的表。我们就用书的图案来表示图书的数量。

下面，我们以1班图书的数量进行举例说明。

如果我们想用书的图案表示1班的图书数量，我们就得画28个书的图案。像这样把每本书都画出来，非常不方便。如果每10本书用 ▯ 来表示；不够10的时候，每本书都用 ▯ 来表示就方便多了。

下面我们重新来展示一下1班的图书数量吧。

1个大书的图案等于10个小书的图案哟！

我们再用这个方法来看看如何用图表来表示所有班级的图书数量。

开心小学一年级各班的图书数量

用书的图案来表示不同数量，一目了然。

用与实物相近的图案来体现图表的内容更有意思！

根据图表，4 班的大书图案有 4 个，小书图案有 1 个，所以 4 班一共有 41 本书，是 4 个班里图书最多的。相反，2 班的大书图案有 2 个，小书图案有 1 个，一共有 21 本书，是 4 个班里图书最少的。像这样用与实物相近的图案表示数量的多少，不仅非常直观，也便于大家理解。

经过上面的练习，大家都知道什么是图表了吧？那么，现在我们再来熟悉一下制作和分析图表的方法。

首先我们来看看制作图表的步骤有哪些。

1. 先确定用什么样的图案来展示进行统计的数据。
2. 可以用图案的不同大小来代表不同的数量。
3. 根据需要统计的事项，分别画出正确的图案数量。
4. 给图表起一个合适的名字。

上一页的图表中使用了大书和小书两种图案。

下图是表示各村鸡的数量的图表。我们来试着分析一下吧。

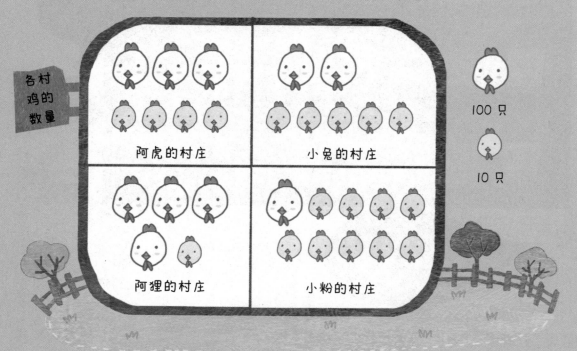

上面的图表里，🐔表示 100 只鸡，🐤表示 10 只鸡。那么，现在我们就能知道每个村庄各有多少只鸡了吧？ 4 个村庄里，鸡最多的村庄和鸡最少的村庄分别是哪个呢？

鸡最多的村庄是阿狸的村庄，100 只鸡的图案有 4 个，10 只鸡的图案有 1 个，阿狸的村庄一共有 410 只鸡。

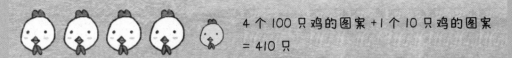

4 个 100 只鸡的图案 +1 个 10 只鸡的图案
= 410 只

鸡最少的村庄是小粉的村庄，100 只鸡的图案有 1 个，10 只鸡的图案有 9 个，小粉的村庄的鸡一共有 190 只。

1 个 100 只鸡的图案 +9 个 10 只鸡的图案
= 190 只

现在我们再来看看一共有多少只鸡。虽然把各村庄拥有的鸡的数量加起来也可以计算出总数，但是我们通过观察图表来计算更简单。

有 10 个 = 1000 只

有 19 个 = 190 只

因此，4 个村庄鸡的总数是 1190 只。像这样，图表在计算总数的时候也是非常方便的。

好奇心
一刻

什么是扇形图？

扇形图是展示每个项目在整体中所占百分比的图表，通过百分比公式计算出比率。公式是这样的：

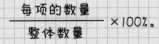

$$\frac{每项的数量}{整体数量} \times 100\%。$$

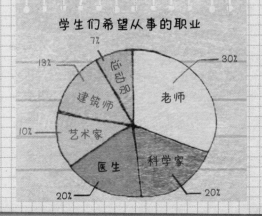

学生们希望从事的职业

7%
13%
30%
运动员
建筑师
老师
10%
艺术家
科学家
医生
20%
20%

身边的数学 生活中的图表

图表可以非常直观地表现复杂的数据，因此在我们的生活中有非常广泛的使用。下面我们看看都有哪些图表吧。

社会

人口普查

人口普查是世界各国广泛采用搜集人口资料的一种最基本的科学方法。根据规定，我国人口普查是每10年进行一次。人口普查的目的是掌握我国人口的基本情况，为未来制定经济发展政策提供依据。我国最近的一次人口普查是2020年进行的全国第七次人口普查。

国家统计局

对我们个人来说，做好数据统计很重要，图表是数据统计工作的重要工具，做好数据统计对一个国家来说也非常重要。我们国家有一个部门专门负责统计工作，那就是国家统计局。上面提到的人口普查工作，就是由这个部门组织实施的。除了人口普查，统计局还会组织经济普查、农业普查等等。而统计局的工作还受《中华人民共和国统计法》的约束。这部法律也是我国唯一的一部统计法律，于2010年1月1日起施行。

 **生活**

各种各样的图表

图表能够直观清楚地反映情况、说明问题，大大方便了我们的工作和生活。统计图的种类很多，小学阶段接触到的主要是条形统计图、折线统计图和扇形统计图。那么，这三种统计图分别有什么特点呢？我们在制作统计图的时候，又有哪些注意事项呢？

条形统计图能帮助我们一眼看出各类数量的多少。因此，我们在画条形统计图时，直条的宽度必须相同。折线统计图不但可以表示数量的多少，而且能够清楚地表示出数量的变化情况，无论增加还是减少都一目了然。而扇形统计图能很清楚地表示出各个部分和总体之间的关系。了解了这些，以后就能更加得心应手地制作和使用图表了。

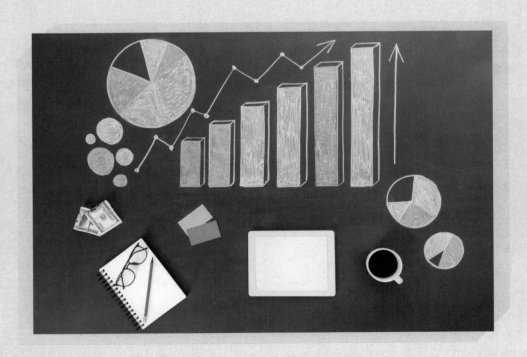

给王后做图表

为了让王后一眼就能看出黄色帽子的数量，我们需要做一个图表。对照表格，参考示例，画出不同地方帽子的数量，并涂上颜色。

不同地方帽子的数量

地方	厨房	浴室	庭院	书房	仓库	合计
帽子的数量（顶）	14	5	23	7	13	62

10顶

1顶

地方   **帽子的数量（顶）**

厨房

浴室

庭院

书房

仓库

图表中，不同大小的图案可以表示不同的数量。

现在，我们来整理冰箱里的食物。观察表格，沿黑色实线剪下最下方的物品，分别贴到冰箱里合适的位置上，再把剩下的食物都贴在箱子里。

各种食物的数量

种类	数量
肉·鱼	4
零食	2
饮料	3
蔬菜	6
合计	15

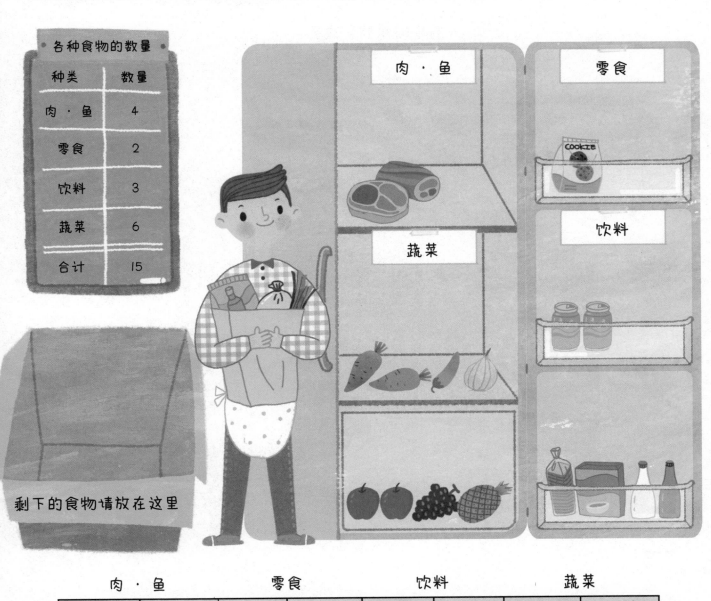

剩下的食物请放在这里

我是厨师

趣味小游戏**3**

厨师用图表记录了做不同的胡萝卜菜肴需要用的胡萝卜数量。观察图表，找到正确的描述并走出迷宫。

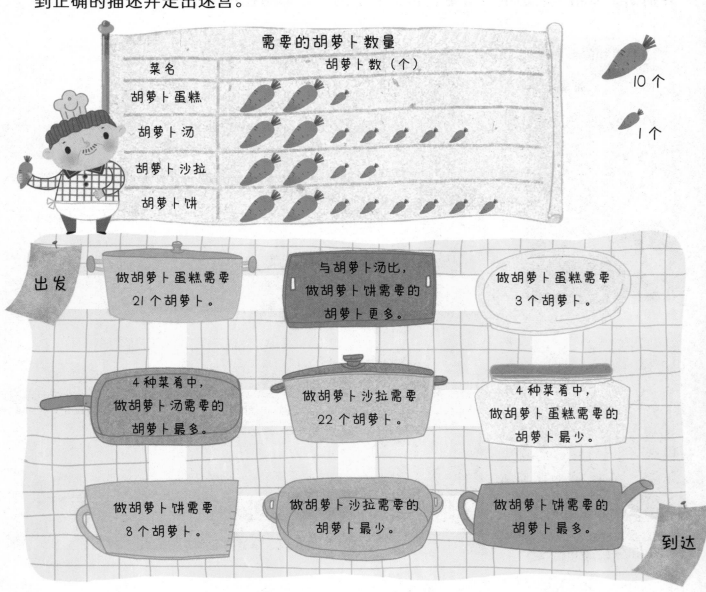

需要的胡萝卜数量

菜名	胡萝卜数（个）
胡萝卜蛋糕	
胡萝卜汤	
胡萝卜沙拉	
胡萝卜饼	

10 个

1 个

出发

做胡萝卜蛋糕需要21个胡萝卜。

与胡萝卜汤比，做胡萝卜饼需要的胡萝卜更多。

做胡萝卜蛋糕需要3个胡萝卜。

4种菜肴中，做胡萝卜汤需要的胡萝卜最多。

做胡萝卜沙拉需要22个胡萝卜。

4种菜肴中，做胡萝卜蛋糕需要的胡萝卜最少。

做胡萝卜饼需要8个胡萝卜。

做胡萝卜沙拉需要的胡萝卜最少。

做胡萝卜饼需要的胡萝卜最多。

到达

需要几个西红柿

厨师用图表统计了一年四个季节分别需要的西红柿数量。观察表格，沿黑色实线将页面最下方的西红柿剪下来，在每个季节后面贴上正确数量的西红柿，完成图表。

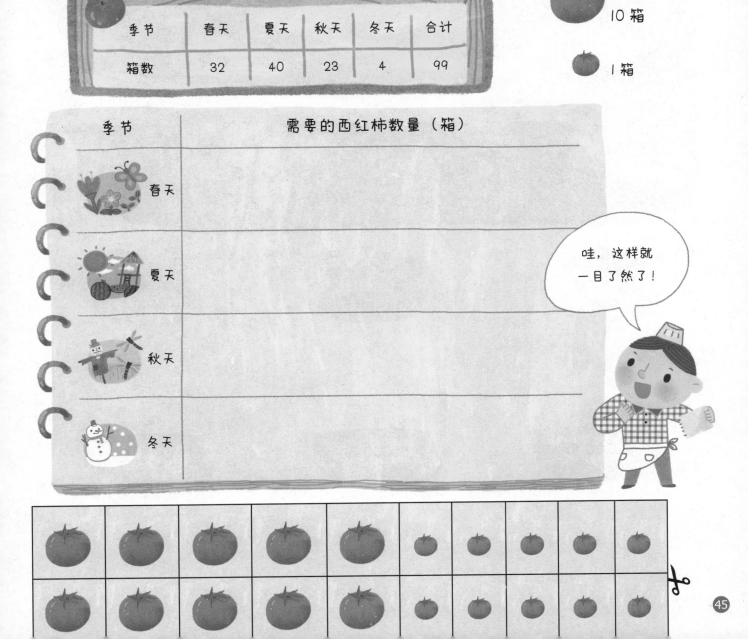

每个季节需要的西红柿数量

季节	春天	夏天	秋天	冬天	合计
箱数	32	40	23	4	99

10 箱

1 箱

季节	需要的西红柿数量（箱）
春天	
夏天	
秋天	
冬天	

哇，这样就一目了然了！

趣味小游戏 5 葡萄大丰收

下图展示了今年各地的葡萄收成。观察图表，算出各地葡萄的收获数量，将地名与正确的数据连起来。

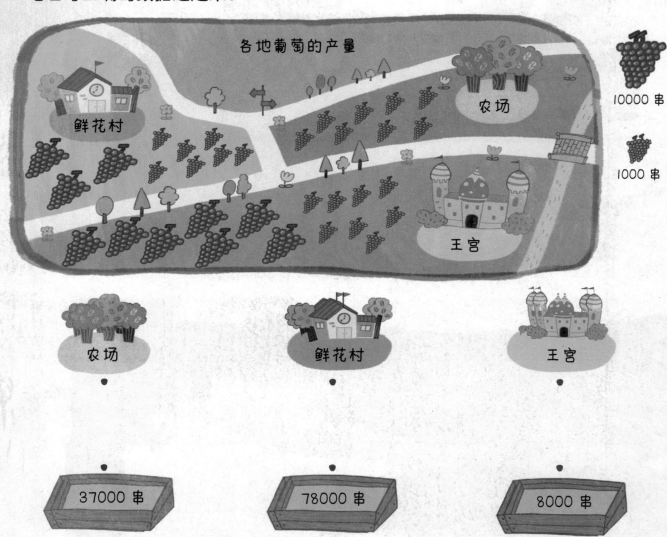

各地葡萄的产量

鲜花村

农场

王宫

10000 串

1000 串

农场

鲜花村

王宫

37000 串

78000 串

8000 串

成为新闻记者

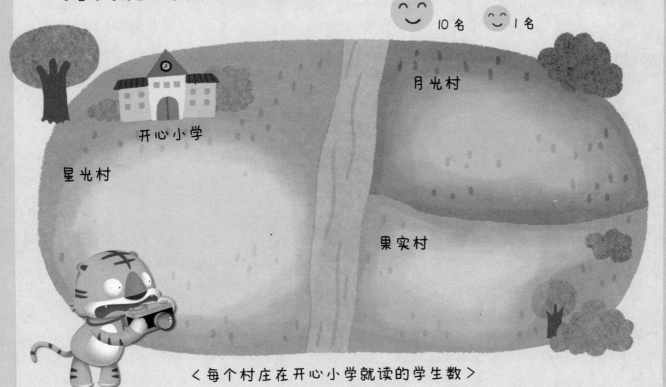

开心小学的学生越来越多了，这是为什么呢？根据阿虎记者的报道，将最下方的图表补充完整。

开心小学成为最受欢迎的小学！

最近，开心小学的学生数量急速增长，引起了大家的广泛关注。为此，我们对开心小学附近的村庄进行了调查。根据统计，来自离学校最远的果实村的学生有 11 名，比较远的月光村学生有 40 名。调查显示，尽管月光村在江的对岸，但仍然有很多学生愿意到开心小学上学。而近一些的星光村学生数量最多，有 52 名。

根据学生们的反馈，开心小学之所以广受欢迎，是因为那里有独特有趣的教学方式。

（阿虎记者）

☺ 10 名　☺ 1 名

月光村

开心小学

星光村

果实村

< 每个村庄在开心小学就读的学生数 >

参考答案

这道题的答案不唯一，只要食物的种类和数量对上了就是正确的。

42~43 页

44~45 页

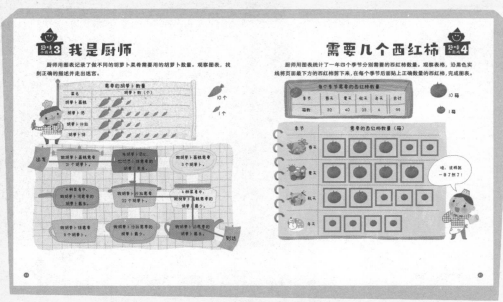